AF588729

L'ABONDANCE
RÉTABLIE.

L'ABONDANCE RÉTABLIE,

OU

MOYENS

DE PRÉVENIR EN FRANCE

La disette de Bestiaux, en même temps qu'on augmente la fertilité de la Terre.

Si superent fœtus, pariter frumenta sequentur.
VIRG. Georg. I.

A AMSTERDAM,

Et se trouve à Paris,

Chez DES VENTES DE LA DOUÉ, Libraire, rue S. Jacques, vis-à-vis le Collége de Louis-le-Grand.

M. DCC. LXIX.

L'ABONDANCE RÉTABLIE.

De tous les objets capables d'occuper l'esprit humain, l'Agriculture est celui qui semble fixer davantage aujourd'hui l'attention de nos Spéculateurs. On la voit former de toutes parts des Sociétés, des Académies. Le nombre des Écrivains s'accroît; les journaux ne font mention que de nouvelles expériences; & une main sage protège, encourage, facilite, autant qu'il est en elle, les défrichemens. Toutes ces vues sont respectables, sans doute; le bien public y est intéressé d'une manière sensible. Mais sont-elles soutenues ? Les circonstances particulières y répondent-elles en général ? Combien d'observations nécessaires & pressantes résultent de cette question!

Plus le débit d'une espèce de marchandise quelconque est certain, & plus le commerce en eſt important. De cette claſſe ſont principalement les objets dont la nature & les beſoins continuels de l'homme, aſſurent la conſommation dans tous les tems. Tout ce qui n'appartient qu'au ſuperflu, eſt, comme lui, ſujet à des viciſſitudes. Les arts, les manufactures ſont de tous les pays, & n'ont beſoin preſque par tout que de l'induſtrie des peuples, plus ou moins perfectionnée ; mais la fertilité ſeule eſt une qualité eſſentielle du climat, que tous les efforts humains ne ſauroient ſuppléer. A quelque degré que les arts parviennent chez les autres nations, quelques progrès qu'ils y faſſent, ils ne peuvent rendre fécondes des terres arides de leur nature, faire croître des moiſſons, ſur la vaſte étendue des mers, recueillir des grains dans des montagnes couvertes de neiges, ni tracer des ſillons ſur des rochers brûlans ou eſcarpés.

Ainſi, ſous un ciel tempéré, avec un ſol fertile, la France trouvera toujours dans ſon ſein des richeſſes d'autant plus certaines, que la ſubſiſtance des peuples qui l'environnent, y eſt, pour ainſi dire, attachée. Ses habitans approviſionnés, même pour pluſieurs années, elle eſt encore en état d'accorder aux étrangers, de verſer à pleines mains dans leurs greniers une denrée précieuſe, que la néceſſité, le ſoin de leur conſervation rend indiſpenſable, & qu'un climat ſtérile refuſe à leurs beſoins.

Mais en même temps que le zèle patriotique s'applique à chercher des moyens pour aſſurer, pour étendre cette partie de commerce; de quoi ſerviront les tentatives, les ſpéculations, les expériences à cet égard, ſi l'on voit d'un œil paiſible & indifférent, s'accroître chaque jour les obſtacles qui peuvent en arrêter le ſuccès.

Le luxe, exerçant de toutes parts ſon empire, non ſeulement détourne l'induſtrie économique du déſir d'augmenter le nombre des terres propres à la culture des grains, il annulle encore, pour ainsi dire, la fertilité de celles déjà en valeur. Les objets essentiels font place aux superfluités. Des terres destinées par la nature à fournir abondamment à la nation les biens les plus importans, deviennent languissantes & vaines, en quelque sorte, faute d'engrais, pour ranimer leurs forces épuisées ; & les fourrages, dont la consommation devroit enrichir les campagnes, ne sont par l'événement que la proie du luxe & de la fantaisie des villes.

Le véritable moyen de fertiliser la terre, est de renouveller sa substance, à mesure que les productions l'ont épuisée. Si elle doit nourrir ses habitans, il faut aussi qu'ils lui en procurent les facilités, qu'ils lui rendent une partie de ce qu'ils en ont reçu : autrement ses ressources dissipées par une action continuelle, par une évaporation forcée, en un mot, par un abus de ses bienfaits, la jettent insensiblement dans un état de maigreur & de stérilité. Il en est en cela, comme d'un réservoir, qui ne pourroit manquer d'être bientôt tari, si l'on vouloit sans cesse en tirer de l'eau, sans jamais prendre aucune précaution pour la renouveller.

En général, & le principe est trop universellement reconnu, pour chercher à l'établir ici, la matière n'augmentant jamais, ni ne décroissant en volume, elle demeure constamment la même dans tous les temps ; elle ne fait que circuler, pour ainsi dire, que changer de forme, sans avoir éprouvé depuis sa création aucune autre vicissitude.

Ainsi la vie, ou du moins l'accroissement d'un corps dépend nécessairement de la destruction d'un autre ; & dès-là, pour que la terre puisse produire des fruits à sa surface, il faut bien qu'elle absorbe dans son sein une quantité de sucs proportionnée (*a*) cette conséquence est

(*a*) Dans nos Isles de l'Amérique, les terres produisent tous les ans sans interruption, & sans avoir besoin en apparence d'amende-

indiſpenſable : il s'en faut pourtant qu'elle reçoive toujours ſon application.

Dans le voiſinage des grandes villes, de Paris, ſur tout, le cultivateur plus occupé d'un gain actuel & particulier, que de l'avantage public, s'empreſſe de ſix, huit, dix lieues à la ronde, & ſouvent beaucoup plus, d'y porter ſes fourrages. L'appas eſt puiſſant, à la vérité;

---

mens. Il eſt vrai qu'ils n'en reçoivent guères d'étrangers : mais la nature y pourvoit d'elle-même. Les cannes, par exemple, à meſure qu'elles croiſſent, ſe dépouillent de leurs feuilles; en ſorte que, parvenues à leur maturité, on ne recueille que des tiges nues, & les feuilles ſéchées & conſommées ſur la terre, forment, avec les pluies abondantes, cette réverſion de ſubſtance dont elle a beſoin, pour renouveller ſes ſucs. Il n'en eſt pas de même des blés, qui ne lui laiſſent jamais rien, puiſque, dans la plupart des campagnes, on arrache juſqu'aux chaumes que la faucille avoit épargnés.

il trouve d'abord de l'argent pour ſubvenir aux charges, aux frais néceſſaires à ſa dépenſe; il n'a que ce ſeul point de vue, ſans en prévoir les ſuites. Mais bientôt ſes granges, ſes greniers épuiſés, il faut qu'il achète lui-même de nouvelles proviſions, pour la conſommation domeſtique de ſa ferme; elles ſont plus précieuſes alors: on les ménage: les beſtiaux ſont mal nourris, & dépériſſent inſenſiblement, avec les terres dont ils devroient faire la première & unique richeſſe.

Loin d'étendre les progrès de l'Agriculture, nous la détruiſons donc bien plutôt par cet abus général des fourrages; &

ſur tout n'en recueillant, comme aujourd'hui, que pour ſuffire à peine aux ſuperfluités. Nourrir des chevaux, dont le principal emploi eſt de ſervir le faſte & traîner la moleſſe ; voilà leur unique ſort ; & ce n'eſt pas ainſi que les campagnes acquèrent de la fertilité.

En vain oppoſeroit-on, que ces chevaux font des fumiers, qui peuvent tourner à l'amendement des terres, & leur procurer ainſi l'abondance.

Ils ſe conſomment preſque toujours dans les jardins & les marais voiſins des villes ; ils ne ſervent qu'à produire des légumes paſſagers, & ſur tout des primeurs ; à fertiliſer des *ſerres chaudes ;* à former des couches, des melonières ; en un mot, à forcer la nature dans ſes productions les plus frivoles, ſans aucun profit pour la culture des grains. Si quelquefois il s'en répand dans les campagnes, cette réfluence ſe borne à une lieue ou deux au plus : les frais qu'exigeroit le tranſport, mettent les cantons plus éloignés hors d'état de s'en procurer ; & la terre y reſte ainſi privée de cette réverſion de ſubſtance, que la nature lui avoit deſtinée. A cet inconvénient s'en joint naturellement un autre, non moins dangereux & inévitable. Si dans l'état actuel, les campagnes n'ont point aſſez de fourrages pour ſuffire en même temps à leurs beſoins & au luxe des villes; à plus forte raiſon leur eſt-il impoſſible de faire des élèves de beſtiaux, de s'occuper utilement de cette partie. L'eſpèce négligée devient donc inſenſiblement plus rare, & par conſéquent plus chère: elle tend ainſi néceſſairement à ſa ruine, & entraîne bientôt après elle une diſette infaillible & générale. On peut juger d'après cela, s'il y a la moindre balance, la moindre compenſation.

De l'exiſtence d'un abus auſſi important, réſulte ſans doute l'alternative indiſpenſable, ou de réformer le mal, ou du moins de chercher des moyens, pour en arrêter, pour en réparer les effets.

Toute idée de réforme est révoltante ; trop de difficultés particulières y sont attachées, pour porter des vues utiles de ce côté. Il ne nous reste donc que d'y suppléer, autant qu'il sera possible, par des voies plus sûres & moins embarrassées : c'est l'objet que nous nous proposons ici.

La disette de fourrages, & par conséquent de fumiers, met les cultivateurs dans la nécessité de recourir à d'autres moyens pour dédommager leurs terres du défaut d'amendement ; de-là l'usage de les laisser reposer périodiquement à certaines époques, c'eſt-à-dire, de trois années l'une. De les diviſer à cet effet en trois parties dont une eſt ſemée en froment, l'autre en blés de Mars, & la troiſième demeure vague, ce qu'on nomme *Jachères*; de manière que de toutes les terres deſtinées à produire du froment, il n'y en a jamais qu'un tiers qui en produiſe réellement; & cet arrangement inévitable, dans l'état actuel, forme toujours, comme on le voit, une diminution ſur la ſomme des terres cultivables, & par conſéquent, une perte réelle pour l'Agriculture.

Pleins du déſir de ſuppléer à ce défaut, nos ſpéculateurs portent leurs vues ſur les défrichemens.

Rien n'eſt plus reſpectable, ſans doute : le motif qui les anime fait honneur à leur zèle. Mais l'exécution eſt en ſoi ſi difficile, qu'on pourroit la mettre, en quelque ſorte, dans la claſſe des impraticables.

En effet, les terres ſuſceptibles de défrichemens, ſont ordinairement, & même toujours éloignées des endroits habités. On ne bâtit point dans des bois, dans des landes; & cet état des terres ſuppoſe des pays, ou du moins des cantons abandonnés.

Pour parvenir à les rendre fertiles, il eſt donc néceſſaire, ou de conſtruire des fermes au centre, ou de s'y tranſporter des

des villages les plus voisins à chaque opération qu'exige le travail de la campagne. Dans le premier cas, il faut des matériaux : on ne les a pas toujours sous la main. Mais je suppose que l'on soit à portée de s'en procurer facilement ; les bâtimens achevés, il faut monter une ferme, acheter des bestiaux, des équipages, des grains ; tout cela ne se fait point sans employer beaucoup de bras, & sans répandre l'argent à pleines mains. Peu de particuliers sont en état de suffire à des dépenses aussi considérables. Il n'en est guères d'assez zélés, pour risquer des fonds sûrs & acquis, & souvent bien au-de-là de leur fortune, dans l'espoir dangereux d'un gain incertain & encore éloigné. Enfin ceux que leurs richesses mettroient plus à portée de ces entreprises, enchaînés par le luxe dans les villes, & dédaignant les travaux utiles de la campagne, qu'ils ne connoissent pas même, rarement renoncent-ils à l'habitude d'une molle oisiveté, pour aller cultiver des champs déserts, & contribuer de leurs soins au bonheur public.

Si l'on veut au contraire se dispenser de bâtir, on épargnera, en apparence, sur les frais de défrichemens : on aura moins à débourser d'abord; & même la terre, dans sa première vigueur, pourra rendre au cultivateur de quoi l'indemniser, à proportion de ses dépenses. Mais deux ou trois récoltes passées, ce grand feu de la terre amorti, il faudra songer à renouveller ses sucs : où trouver assez de fumiers ? Combien de temps, de frais pour en transporter ? Les hommes & les chevaux ou bœufs, éloignés de leur travail, perdront la moitié du jour à aller & revenir. Les terres mal cultivées & sans amendemens dépériront bientôt; & le laboureur rebuté par les obstacles, se verra forcé d'abandonner, ou du moins de négliger son entreprise, de laisser enfin ces champs livrés aux chardons, aux orties, aux ronces, &c. & par conséquent, dans un état pire que le premier.

En effet, les terreins susceptibles de défrichemens, sont ordinairement couverts de bois, ou de bruyères, produisent au moins quelques fruits capables d'indiquer une sorte de fertilité : car il y auroit de la folie, certainement, de songer à cultive des déserts absolument vagues, & dont l'aspect n'annonceroit, à coup sûr, qu'une stérilité constante & insurmontable.

Les bois, si mauvais qu'ils soient, offrent par eux-mêmes

une utilité certaine dans les chauffages qu'ils procurent, ſans compter la nourriture que les beſtiaux peuvent y recueillir.

On peut de même tirer parti des bruyères, & en faire des pâturages pour les moutons & les chèvres, ainſi qu'on en uſe dans les montagnes de Languedoc, de Provence, de Bretagne, &c. & dans beaucoup d'autres landes de la France.

Il vaudroit donc mieux encore laiſſer ces terreins tels qu'ils ſont, que d'y riſquer des défrichemens qui, faute d'être ſoutenus dans la ſuite, leur enlèvent abſolument ce qu'ils pouvoient avoir d'utilité.

En général, quelques exemptions qu'on attache aux défrichemens, quelques prix qu'on propose à cet égard, jamais on n'aura que des essais bornés, à cause des difficultés préliminaires qui se présentent toujours, & que le zèle seul, ou l'activité ne sçauroit surmonter.

D'ailleurs, s'occuper uniquement des grains, & leur sacrifier en quelque sorte, les autres objets, n'est-ce pas retomber par une autre voie dans l'inconvénient que l'on veut éviter?

Le premier but auquel tendent les recherches de l'Agriculture, c'est la nourriture des hommes. Mais il ne leur faut pas seulement du blé. Sans entrer dans un examen philosophique à cet égard, sans chercher si notre goût pour la substance animale est l'ouvrage de la nature ou de l'éducation, prenons les choses en l'état où nous les voyons, & considérons-nous comme destinés à manger la chair des animaux, puisqu'en effet nous en faisons notre aliment ordinaire.

Il faut donc aussi veiller à l'entretien de l'espèce, pourvoir à ce que le nombre des élèves en bestiaux comestibles se multiplie, sur tout à l'égard de ceux qui nous fournissent en même temps la nourriture & l'habit.

Loin de cela, la diminution des uns & des autres devient si sensible aujourd'hui; l'espèce des boeufs en particulier est tellement négligée, & la disette les porte à un prix ſi extraordinaire, que les bouchers ſont encore obligés de tuer les vaches, dans un temps où il ſeroit néceſſaire de prendre des meſures ſolides pour en accroître le nombre.

L'objet que nous nous propoſons ici, eſt de parer encore à cet abus, de prévenir la diſette de beſtiaux en même temps que nous travaillerons à rendre le commerce des grains plus floriſſant, plus certain, par des moyens également ſimples & de facile exécution.

Nous l'avons déjà dit, de toutes les terres deſtinées à produire du froment, il n'y en a jamais qu'un tiers employé à cette nature de grains : le ſecond tiers

tiers étant semé en blés de Mars, & le surplus demeurant en *jachères*, c'est-à-dire, vagues pendant une moisson. Ce dernier état est toujours celui qu'éprouve successivement chaque année une troisième partie des terres; en sorte qu'on peut avec raison regarder le tiers au total comme inculte, puisqu'en effet il ne rapporte rien.

Pourvoir à cet inconvénient par des précautions sures & faciles, rendre aux champs leur utilité naturelle & continue, les mettre à portée de produire tous les ans, sans avoir besoin de repos; en un mot, supprimer les jachères; ce sera donc augmenter évidemment d'un tiers la somme des terres cultivables, ce ſera multiplier d'un tiers les richeſſes qu'on attend de leur fertilité, & nous ouvrir enfin une nouvelle ſource d'abondance, lors même que nous avons plus à redouter la diſette. Cette méthode capable d'étendre d'abord & ſans frais nos facultés, vaudra bien, ſans doute, des défrichemens.

L'unique moyen d'entretenir la fertilité des terres, eſt de renouveller ſes ſucs à meſure par des engrais; tel eſt le principe général, tel eſt celui que nous avons déjà poſé, & que l'expérience confirme tous les jours. Le repos pendant une année ſeulement, n'a pas, à beaucoup près, la vertu d'y ſuppléer. Au contraire, loin qu'il rempliſſe cet objet, quelquefois il devient un abus de plus ; la terre dans cet état, à moins qu'elle ne ſoit fréquemment remuée par les labours, ne reſte pas pour cela dans une inaction abſolue ; & les ſanves, les chiendents avec une infinité d'autres plantes gourmandes qu'elle produit naturellement, l'épuiſent toujours d'autant, ſans aucun profit. Pour rendre même le mal plus certain à cet égard, au lieu d'enfouir ces herbes, ou de les brûler dans les champs, ce qui contribueroit à l'amendement, on jette avec ſoin dehors tout ce que la herſe peut en entraîner, comme ſi l'on craignoit d'en tirer du moins quelqu'utilité.

En général quiconque voudra ſuivre de près cette partie, ne verra dans la méthode des jachères, qu'un foible palliatif toujours plus nuiſible à la longue qu'avantageux eſſentiellement. Ce ſont des amendemens qu'il faut; ce ſont des fumiers; & ſi nous interrogeons là-deſſus les plus ſimples payſans, ils nous répéteront tous cette maxime générale, que l'expérience & l'habitude leur ont appriſe: *le fumier eſt la richeſſe de la terre.*

Pour ſe convaincre de cette vérité par un exemple frappant & déciſif, que l'on jette les yeux ſur les environs de Paris; à deux lieues à la ronde, le ſol, quoique maigre eſſentiellement, & preſque ſtérile par lui-même, ne laiſſe pas de produire tous les ans ſans ſe repoſer jamais. L'abondance des fumiers dont on l'engraiſſe, ſupplée en lui les meilleures qualités ; elle le pénètre d'une vertu productive, ſouvent beaucoup plus puiſſante que celle même qu'il tenoit de la nature, & toujours plus certaine que l'effet du repos, quelqu'avantageux qu'il fût poſſible de le ſuppoſer.

D'après cela, pour rendre l'uſage des jachères inutile, il ne faut donc que multiplier les engrais, & ſe mettre à portée, par ce moyen, d'exécuter à proportion dans toute la France, ce qui ſe pratique aux environs de Paris, où la terre eſt toujours en action, où l'on ne voit point de repos.

Sans doute on objectera que par tout on ne trouve pas les mêmes reſſources à cet égard, & que les ſeuls fumiers ramaſſés par les rues de la ville, ſont preſque ſuffiſans pour amender les champs qui l'avoiſinent.

On convient que Paris jouit ſur ce point, de facilités qui ne ſe rencontrent pas communément dans les endroits plus éloignés ; mais toujours retrouvons-nous dans l'effet qui en réſulte, la confirmation du principe déjà établi, que l'avantage qu'on ſe promet du repos des terres, ſe ſupplée bien plus efficacement par les engrais, & que le secours des fumiers dispense le cultivateur de la nécessité des jachères. Ainsi il ne s'agit plus que de trouver des moyens pour se procurer les engrais.

Les terres, en général, se divisent par charrues, & l'on compte ordinairement soixante arpens pour chacune. De ces soixante arpens, il y en a toujours vingt qui se reposent, au moyen des jachères, & ne produisent rien. Pourquoi cette inaction ? Nous avons plus que jamais besoin de fourrages, & nous négligerions de nous en procurer. La voie pour y parvenir est simple : elle se présente d'elle-même. L'état du repos auquel une portion de nos terres est toujours livrée, la rend, comme on vient de l'observer, un objet inutile & nul, par rapport à nos besoins : mais si pour la défendre de cet abus, pour la mettre essentiellement à profit, nous la convertissons en prés artificiels, c'est-à-dire, en lusernes, en treffles, en bourgogne, &c. elle nous offrira naturellement les resources que nous cherchons ; elle nous mettra infailliblement à portée de nourrir plus de bestiaux, & par conséquent, de multiplier aussi les engrais, dont la nécessité est toujours si importante.

Quelques personnes peu instruites, pourroient d'abord nous arrêter ici, en ſuppoſant que toutes les terres ne ſeroient pas propres à faire des prés. Nous leur répondrons d'après l'expérience la plus conſtante & la plus réitérée, qu'il n'eſt, en général, aucune nature de ſol, aucune ſituation, où les luſernes & les bourgognes ne réuſſiſent toujours bien; les plaines & les hauteurs, les collines & les fonds, les ſables & les argiles, tout eſt ſuſceptible de cette culture: aucun terrein, pour peu qu'il ait de ſubſtance, ne ſe refuſe à cette eſpèce de production.

Mais on s'étonnera peut-être encore de cette quantité de terres consacrées aux fourrages, & l'on demandera pourquoi toutes ne seroient pas cultivées en blés; sur tout dans un temps où l'on travaille à étendre le commerce des grains autant qu'il est possible.

D'abord en soi ce plan est impraticable: nous allons le démontrer dans un moment. Mais quand il seroit possible de donner tout à la culture des blés, il faudroit trouver ensuite des acheteurs, & ce point ne seroit pas sans difficultés. Jusqu'ici les étrangers ont subsisté avec ce que nous avions de grains à leur offrir; & jamais, à moins qu'ils n'augmentassent en nombre, nous n'aurions lieu d'espérer qu'ils voulussent doubler leurs provisions sans nécessité. Il faudroit donc, ou laisser vieillir le blé dans nos greniers, en attendant une disette (ce qui d'ailleurs est sujet aux plus grands inconvéniens) ou les donner à bas prix, afin d'en trouver le débit, & d'avoir la préférence sur ceux de Barbarie : puisque l'on n'ignore point que ce pays fournit aux étrangers beaucoup plus de blés que la France ; en sorte que, si nous tentions de les rançonner dans nos ports, nous les verrions bientôt se porter du côté de Tunis & d'Alger, pour s'approvisionner à meilleur compte, & nous frustrer en grande partie de nos espérances.

Alors, au lieu de leur donner la loi, ſouvent nous-mêmes nous ſerions contraints de la recevoir de leur part, & nous nous trouverions dans la néceſſité, ou de leur abandonner nos grains à un prix trop foible pour nous payer de nos dépenſes, ou de les laiſſer périr faute de débit.

Dira-t-on encore que la plus grande abondance ſeroit un obſtacle à la cherté du pain? Eſt-ce donc la diſette qui l'occaſionne en France? L'abus ſeul en eſt la ſource. Les meilleures années deviennent preſque toujours les plus malheureuſes pour le peuple, par les emmagaſinemens exceſſifs, & les autres manœuvres du monopole. Que l'on consulte à cet égard l'expérience, surement elle ne nous démentira pas.

Au surplus, loin d'être un avantage aussi considérable qu'on le suppose, la trop grande diminution dans le prix du blé, seroit évidemment un mal. Je ne répéterai point ici les raisons ordinaires dont la dureté s'autorise; je ne dirai pas que trop d'aisance rendroit le peuple insolent & paresseux. Je me contenterai d'observer, qu'en donnant du pain au peuple, il faut songer à celui qui sema le blé dont il est fait; & comment le laboureur pourra-t-il suffire à l'entretien de sa maiſon, payer les impoſitions, les propriétaires, s'il ne trouve dans le prix de ſes denrées, de quoi l'indemniſer, de quoi ſubvenir à toutes ces dépenſes? Nous ne craindrons pas de le dire, pour mettre une juſte balance entre tous les citoyens, & d'ailleurs encourager l'Agriculture, il eſt néceſſaire que le pain ſoit toujours à un certain taux: par exemple, depuis ſept liards au moins, juſqu'à deux ſous ſix deniers au plus, ſans jamais excéder; tout eſt dans l'équilibre alors: ni le laboureur, ni l'ouvrier n'ont à ſe plaindre; les uns & les autres ſont en état de ſuffire à leurs beſoins réciproques.

Mais je vais plus loin encore, & pour peu qu'on veuille y réfléchir, on ſentira, comme je l'ai annoncé, qu'il eſt impoſſible en effet de mettre la totalité des terres en blés. Il faudroit alors un plus grand nombre de cultivateurs, & les campagnes, loin d'en avoir même aſſez aujourd'hui, ſont dépeuplées ſenſiblement, & pour ainſi dire abandonnées.

D'ailleurs, où trouveroit-on des fourrages pour nourrir les beſtiaux néceſſaires, & ſans leſquels on ne peut opérer? Ce n'eſt point aſſez de projetter, de vouloir; il faut encore des moyens pour exécuter; & ſeroit-il raiſonnable de prétendre effectivement donner tout indiſtinctement à l'eſpèce des blés, ſans ſe ménager les reſſources indiſpenſables pour y réuſſir ; & ſans ſonger d'ailleurs que la partie du charnage eſt pour nous une moitié non moins importante de la vie ? Ce motif devient même d'autant plus puiſſant, lorſque l'on conſidère les choſes en leur état actuel, & où nous devons les prendre. Le luxe par ſes profuſions, multipliant les beſoins, ſi l'on veut y pourvoir malgré ſes abus, au moins faut-il que ce ſoit ſans gêner l'économie du ſurplus ; & la ſeule manière d'opérer ſagement à cet égard, c'eſt d'étendre en proportion la culture des objets que le faſte conſacre à ſon uſage, & que l'avidité lui

lui prodigue de toutes parts ; c'est en un mot, d'obvier à ce que ses consommations ne l'emportent pas sur les besoins essentiels, ne nuisent point à la fertilisation des terres. Or, puisque le double objet qui constitue la nourriture des hommes, suppose en même temps la nécessité des engrais, celle des bestiaux & par conséquent des fourrages ; il faut donc chercher dans une surabondance de ces derniers, de quoi fournir en même temps aux superfluités des villes, & au nécessaire des campagnes. (*a*)

(*a*) Sans supprimer directement cette étonnante superfluité de chevaux de luxe, qui ne servent qu'à affamer l'Etat, loin de lui procurer aucune utilité essentielle, au moins

La suppression des jachères conduit directement à ce but. Au lieu de laisser toujours, comme dans l'usage actuel, un tiers des terres dans l'inaction & sans produit, cette portion mise en foins, donnera dès lors une augmentation, une nouvelle source de fruits, indépendante absolument des autres productions, & dont l'utilité nous devient d'autant plus précieuse aujourd'hui, que le concours des circonstances la rend

---

pourroit-on la restreindre peu à peu, & d'ailleurs en tirer quelque parti, par une taxe plus ou moins forte, suivant les circonstances. Si ce projet déjà mis en avant, est demeuré sans exécution, quelques motifs qu'il fût possible d'alléguer aujourd'hui, de simples modifications, jointes à la nécessité, surmonteroient aisément les obstacles.

même indiſpenſable à plus d'un égard.

L'Agriculture en ſoi, la partie des blés trouveroit d'abord un profit aſſuré dans cette multiplication des fourrages. Les engrais auxquels ils donneroient lieu néceſſairement, réparant à meſure les forces épuiſées des terres, ſurement les moiſſons en ſeroient plus riches, plus abondantes : on ne les verroit pas baiſſer ſenſiblement chaque année, & n'offrir à la fin dans l'avenir, qu'une ſtérilité dangereuſe & générale.

Un autre avantage non moins conſidérable, & plus preſſant peut-être, qui réſulteroit encore naturellement de cette méthode, feroit la propagation des beſtiaux comeſtibles, dont l'eſpèce devient chaque jour plus rare, ainſi que nous l'avons déjà expoſé, & que l'expérience le démontre.

En effet, deux raiſons puiſſantes concourent à en faire naître infailliblement la diſette: ſçavoir, la plus grande conſommation, & le défaut de fourrages.

Dans les villes, le nombre des ouvriers, & ſur tout des domeſtiques, arrachés par le luxe aux campagnes, eſt, on oſe le dire, doublé pour le moins depuis peu d'années. Tous ces conſommateurs de ſurcroît, forment en cette partie, autant de bouches ſuperflues, dont chacune en particulier absorbe plus de viande en un jour, que tous les autres ensemble n'eussent fait dans l'état d'agricole, où la nature les avoit placés.

Les pratiques religieuses observées aussi avec beaucoup moins de rigeur & d'exactitude, soit par relâchement, soit à cause de l'extrême cherté du poisson, & du manque de légumes dans la saison du carême, tout cela contribue encore à doubler les consommations de charnage; & l'espèce détruite sans cesse, n'ayant plus aucun temps de repos, doit tomber ainsi dans le cas d'un épuisement inévitable, si l'on ne prend à proportion de nouvelles mesures pour la conserver en la multipliant.

Dans la plupart des campagnes, le défaut de fourrages empêche de faire communément des élèves de bestiaux, & ce n'est que dans un petit nombre d'endroits reculés, qu'on s'occupe de cette partie ; encore faut-il qu'ils n'ayent aucune voie, aucunes facilités pour le débit externe de leurs fourrages ; autrement l'appas du gain présent porte le cultivateur à s'en défaire au dehors, comme nous l'avons déja observé, & à les prodiguer indistinctement aux chevaux que le faste entretient dans les villes. Ceux des postes multipliés sur les routes, des rouliers, des messageries, peuvent aussi être comptés au rang des obstacles, par la consommation immense de fourrages qu'ils occasionnent nécessairement, & à laquelle le laboureur s'empresse toujours de contribuer aux dépens des élèves qu'il pourroit faire, & souvent même de ses propres bestiaux.

Enfin à ces causes de disette, si l'on ajoute les considérations d'une mortalité qui a désolé successivement depuis plusieurs années, les différens cantons de la France, & nous a enlevé la plus grande partie de nos moutons, il est impossible de ne pas reconnoître la nécessité pressante d'une nouvelle forme d'administration économique, de nouvelles précautions à cet égard. (*a*)

La multiplication des fourrages seroit donc un moyen sûr & naturel de réparer les pertes, & d'entretenir en général, l'abondance dans la suite. Les cultivateurs obligés alors, pour la consommation de leurs denrées, d'avoir un plus grand nombre de vaches & de moutons, ne pourroient

(*a*) La Police d'Espagne à l'égard des veaux, nous paroît salutaire, & digne d'être imitée. Chaque Boucher est restreint à un certain nombre par semaine, & n'en peut tuer au-delà, sous des peines sévères. Cette méthode seroit d'un grand secours en France, au moins pendant quelques années, & une défense de tuer des genises dans aucun temps, jointe à cette précaution, ranimeroit bientôt l'espèce prête, en quelque sorte, à s'anéantir.

Il seroit aussi important, & peut-être nécessaire, de prendre des mesures pour empêcher pendant une année ou deux, de vendre & de tuer des agneaux. Uniquement consacrés à la fantaisie, la privation ne seroit pas bien pénible, & l'espèce y gagneroit au moins le temps de se repeupler.

pourroient ſe diſpenſer d'élever plus communément leurs veaux, leurs agneaux, & préviendroient ainſi la cherté, diſons mieux, même l'anéantiſſement de l'eſpèce.

Le lait, le Beurre, le fromage & tous les ſecours que procure cette denrée, deviendroient auſſi plus abondans; ils formeroient, on oſe le dire, autant de nouveaux gages pour la population, en offrant aux habitans de la campagne, plus de facilités pour vivre & élever leurs enfans.

Ainſi, en même temps que le laboureur, ajoutant à ſes profits actuels celui de ſes beſtiaux en ſurcroît, recueilleroit encore une plus grande quantité de grains qu'auparavant, & ſeroit par là plus à portée d'acquitter les impoſitions : la terre de ſon côté trouveroit plus de bras pour la cultiver, la nation plus de ſoldats pour la défendre, & le Prince plus de ſujets pour le ſervir.

Loin donc que la converſion des jachères en prairies, réduiſe les progrès de l'Agriculture, au contraire, non-ſeulement elle tend à rendre le commerce des grains plus floriſſant, elle ajoute même encore une infinité d'autres avantages également importans, en multipliant en général, les moyens d'abondance, de population & de reſſources eſſentielles.

En effet, l'augmentation dans le nombre des moutons en doit produire une conſéquemment dans le commerce des laines. Loin d'en attendre de l'étranger pour notre uſage, nous ſerions alors en état d'en faire paſſer à nos voiſins, & de nous ouvrir dans cette partie une nouvelle ſource de richeſſes.

De-là auſſi, le taux de la viande diminué ſenſiblement, par la plus grande quantité de beſtiaux, & dans les garniſons les fourrages ſe donnant, pour ainſi dire, comme par échange pour les fumiers, l'Etat ſe trouveroit ſoulagé de beaucoup à cet égard, ſur l'entretien des troupes.

Les cuirs, les ſuifs, &c. devenus plus abondans, non-ſeulement procureroient une augmentation de revenus habituels, mais encore offriroient toujours de nouveaux ſecours dans les beſoins extraordinaires. (*a*)

Enfin, la ſuppreſſion des jachères, facillitant, comme nous l'avons fait voir, la meilleure culture des terres, donneroit par ce moyen plus d'étendue, plus de ſuccès au commerce des grains, & fourniroit ainſi d'autant plus ſûrement à l'exportation.

(*a*) Le bénéfice de ces objets ſeroit d'autant plus conſidérable, qu'il n'entraîneroit aucune eſpèce de frais après lui. Les mêmes moyens de perception employés aujourd'hui pour un million, par exemple, ſerviroient également pour en recueillir deux, ou tout autre accroiſſement quelconque, & le produit qui pourroit en réſulter, entreroit ainſi net & en pur profit dans les coffres de l'Etat.

Mais pour écarter jusqu'à la crainte même des abus dangereux, auxquels cette partie est sujète, parmi les précautions qu'exige cet objet, il seroit nécessaire en même temps, de fixer une taxe sur chaque septier de blé, qui sortiroit du Royaume, ou qui y rentreroit. (*a*) Cette

---

(*a*) On sent bien que cette taxe sur le blé qui rentreroit du pays étranger dans le Royaume, n'auroit lieu que dans des temps d'abondance, & qu'à la moindre apparence de disette il faudroit la modifier, la faire cesser même tout-à-fait, suivant les circonstances. On pourroit néanmoins s'épargner encore ce soin, & prévenir en France par une autre précaution le danger des mauvaises récoltes. En général on n'en voit guères deux se succéder immédiatement, sur tout d'une manière absolue; cette extrême calamité est, j'ose le dire, inouie. En ne laissant donc emporter chaque année que la moitié environ de ce que notre sol peut fournir de superflu en grains, cette réserve, jointe au peu qu'on recueilleroit, nous tiendroit toujours suffisamment approvisionnés pour le besoin, & jamais nous n'aurions ainsi de disette essentielle à redouter.

ſeule diſpoſition formeroit une entrave naturelle & importante contre l'excès d'exportation. D'un côté, ce ſeroit une occaſion continuelle de conſtater exactement la quantité de grains enlevés, & de l'autre, on trouveroit ſans ceſſe dans cette méthode une barrière aſſurée contre le monopole. Cette taxe augmentant toujours en proportion du prix que les blés pourroient avoir à l'intérieur, empêcheroit en même temps le régnicole d'y mettre la cherté, & l'étranger de ſe les approprier à bon compte, pour nous les revendre enſuite à ſon gré. L'expérience ne nous a que trop ſouvent appris à nous tenir en garde contre une manœuvre auſſi dangereuſe.

Nous ne porterons pas plus loin l'examen des détails qui peuvent concourir en faveur du ſyſtême que nous venons d'établir. Tant d'avantages qui s'enſuivent naturellement, & que nous nous flattons d'avoir développé d'une manière préciſe & concluante, ſuffiſent ſans doute, pour en faire ſentir en général l'importance & la néceſſité. Nous nous contenterons de prévenir, en finiſſant, quelques difficultés particulières, qu'on pourroit nous oppoſer dans l'exécution. Nous nous ſommes déjà fait les objections à nous-mêmes ; il eſt facile de les réſoudre.

Pourquoi des innovations, dira-t-on d'abord ? L'exemple

de nos pères eſt notre guide ; comme ils cultivoient la terre, nous la travaillons encore aujourd'hui ; a-t-elle donc changé de nature ?

Non, ſans doute : mais les hommes ont changé de manière de vivre. Il faut trouver des moyens pour ſuffire à leurs profuſions, à leurs fantaiſies, ou s'attendre à la diſette la plus prochaine, c'eſt-à-dire aux plus grands maux. C'eſt ce danger qu'il eſt important d'éviter, qu'il eſt indiſpenſable de prévenir ; & le plan que nous propoſons, nous paroît ſeul capable de conduire à ce but.

En ne conſidérant auſſi que la ſuppreſſion des jachères en

ſoi, on auroit peine à ſe perſuader que l'intervalle, qui ſe trouve entre le temps de la moiſſon & celui des ſemailles, pût être ſuffiſant pour façonner toutes les terres à la fois.

Mais ſi l'on daigne ſuivre toutes les parties de notre ſyſtême, on verra en premier lieu que la portion des terres conſacrées juſqu'ici aux jachères, une fois convertie en prés, n'a plus beſoin de labours; quant au ſurplus, il doit être diviſé en deux *ſoles* alternatives, l'une deſtinée aux fromens & ſeigles, l'autre employée en blés de Mars; en ſorte que le cultivateur auroit la fin de l'automne pour s'occuper de ce dernier objet, pour fumer, labourer &

préparer, en un mot, ses semailles du printemps.

Il ne s'agit donc plus que de la sole des fromens, c'est-à-dire d'un tiers environ des terres à labourer & ensemencer, dans l'espace d'un mois qui s'écoule ordinairement entre la moisson & la saison de semer. L'exemple des environs de Paris, ajoutons de la Flandre & d'une grande partie de l'Artois, prouve encore que ce temps est suffisant, puisque l'on n'y connoît point d'autre pratique pour la culture des seigles & des fromens. Cet usage ne seroit pas moins praticable, sans doute, dans les autres cantons de labour; sur tout le cultivateur, au moyen de ses fourrages, étant à portée d'avoir autant de chevaux ou de bœufs qu'il lui en faudroit, pour expédier ſes travaux à ſon aiſe & ſans ſurcharge.

D'ailleurs, les terres fumées précédemment lors des Mars, & n'ayant pas eu le temps de prendre les mauvaiſes herbes, d'en recueillir la graine, n'exigeroient point des labours auſſi multipliés qu'aujourd'hui. Seulement pour en augmenter la fertilité, il ſeroit à propos de leur donner une eſpèce de rebinage, en les rafraîchiſſant légèrement de fumiers, ce qui ſe feroit encore facilement & ſans longueurs.

Les moutons, au lieu de parquer dans les champs, n'y ſortiroient que pendant la journée, & reviendroient chaque ſoir coucher, ſoit à la bergerie, autant qu'il ſeroit poſſible, ſoit en tout autre lieu fermé, mais toujours au même endroit. Les *crottins* ſeroient relevés tous les jours & amaſſés comme les autres fumiers, juſqu'à ce que le temps & les travaux de la campagne laiſſaſſent la liberté de les évacuer. Alors on les tranſporteroit à loiſir le long des chemins: on les mettroit, comme en dépôt, ſur le bord des terres, afin de les trouver ſous la main après la moiſſon.

C'eſt encore ce qui s'obſerve dans les campagnes aux environs de Paris. De cette manière, on n'a plus qu'à distribuer les fumiers, qu'à les répandre quand le temps des labours est venu; & cette opération ne peut être en soi que l'ouvrage de quelques momens.

Enfin on pourroit en faire des crottins de moutons, comme de la *colombine*, & les semer dans les terres, même après les blés levés. De cette préparation bien exécutée résulteroit un bien considérable; sans gêner la plante en aucune façon, elle suppléeroit abondamment le *rébinage* dont nous venons de parler, & produiroit le même effet que si la terre eût été réellement parquée.

L'objet des fromens terminé,

on s'occuperoit de la sole destinée aux blés de Mars ; alors on travailleroit aux grands amendemens, & l'on disposeroit durant l'hiver les terres, pour recevoir les semailles du printemps.

On m'arrêtera peut-être encore ici, & l'on trouvera étrange que je donne les premiers engrais aux blés de Mars, tandis que les fromens, beaucoup plus précieux, n'auront que les restes, pour ainsi dire, des avoines & des orges.

Mais on doit considérer aussi d'un côté, que pour fumer à *plein* les terres, il faut plus de temps, & sur tout plus d'engrais ; qu'en hiver les bestiaux plus sédentaires, en font dès là nécessairement davantage, & que le laboureur, conséquemment, seroit plus à portée d'en avoir une quantité suffisante au printemps ; de l'autre, on observera, que les fumiers étant nouveaux alors, & ne commençant à distribuer leurs sucs que tard, puisque les terres ne seroient ensemencées qu'en Mars, ils en conserveroient encore la plus grande partie pour l'engrais des fromens. Ce moyen, joint à l'usage des crottins de moutons, qu'on semeroit dans les *emblaves*, ou au *rébinage* dont nous avons déjà parlé à l'égard des semailles d'automne, procureroit ainsi la plus grande abondance à cette dernière sole, en même temps que celle de Mars en auroit profité.

Au reste, ce seroit aux cultivateurs eux-mêmes à se consulter sur ce point, à calculer en particulier, le temps & la quantité de fumiers qu'il leur faudroit pour amender à *plein* leur sole d'automne, & à prendre d'après cela le parti qui leur conviendroit le mieux.

Enfin il ne nous reste plus qu'à prévenir une dernière objection que l'on pourroit faire à l'égard des lusernes, des tresfles, &c. dont la durée n'est que pour un temps, & qui, perdant peu à peu de leur vigueur, ordinairement après dix ou douze années, ont besoin d'être renouvellées.

Mais cette difficulté disparoîtra bientôt, si l'on fait attention que nous ne prétendons pas en effet consacrer irrévocablement les terres à cette sorte de denrée ; au contraire, à mesure qu'une pièce de luserne seroit usée, on en semeroit une autre en sa place, & celle défrichée seroit rendue, comme en échange, à la culture des blés. Quiconque connoît la campagne, n'ignore point de quelle fertilité est une terre dans cet état, & combien la végétation du grain qu'on y séme est vigoureuse : la raison est, que les racines de la luserne, qui ſont toujours profondes & pivotantes, vont chercher les ſucs de la terre, bien avant dans ſon ſein; en ſorte que ceux de la ſuperficie reſtent dans l'inaction, & s'accumulent, pour ainſi dire, avec les autres, que les roſées & les brouillards, ordinaires aux prairies, y dépoſent preſque ſans ceſſe. (*a*)

Ainſi, ce qu'on voudroit prendre pour un inconvénient, par rapport aux luſernes, loin de faire un obſtacle à la méthode que nous venons de pro-

---

(*a*) Cette obſervation eſt d'autant mieux fondée en principes, que tous les phyſiciens s'accordent à convenir, qu'en général les prairies attirent plus volontiers les vapeurs répandues dans l'air, & par conſéquent les ſels qu'il charrie, comme les pluies ſuivent plus fréquemment les bois, & les nuages s'y portent & s'y fondent plutôt que ſur les plaines.

poſer, & de nuire à ſon exécution, devient au contraire une circonſtance de plus en ſa faveur, par les nouveaux moyens d'abondance qui réſultent de cette viciſſitude.

C'en eſt plus qu'il n'en faut, ſans doute, ſur un objet que nous croyons d'ailleurs ſuffiſamment expliqué par les principes & les détails eſſentiels, qui nous ont ſervi à l'établir. Les abus de la méthode actuelle, comparés avec l'état préſent des choſes, ſont clairs & preſſans, les avantages de la nouvelle démontrés; les moyens de la mettre en pratique également ſimples & faciles, ne laiſſent rien à déſirer à cet égard: enfin toutes les difficultés paroissent applanies. Quel obstacle assez puissant pourroit donc après cela s'opposer à son exécution, & en balancer jamais l'importance? La nécessité, l'intérêt public, la bonté du Monarque, voilà ses droits, & sur tout ses garans.

Hinc tibi copia
Manabit ad plenum benigno
Ruris honorum opulenta cornu.

HORAT.

FIN.

www.ingramcontent.com/pod-product-compliance
Ingram Content Group UK Ltd.
Pitfield, Milton Keynes, MK11 3LW, UK
UKHW021628260726
13994UKWH00003B/1129